鬥智擂台

謎語挑戰賽 1

新雅文化事業有限公司
www.sunya.com.hk

動動腦・猜猜謎

謎語這種文字遊戲由來已久，一直深受小朋友歡迎。謎語通過生動有趣的語言，勾畫出事物或文字的特徵，在猜謎的過程中有助培養小朋友的想像力和觀察力。本書精選了 116 則益智有趣的謎語，涵蓋各種事物、文字和成語，讓小朋友寓學習於娛樂。出現 ☆ 的題目會有一點難度，要多動動腦筋啊！

小朋友，準備好接受挑戰了嗎？一起進入愉快的猜謎時間吧！

1 水皺眉，樹搖頭，花彎腰，雲逃走。

（猜一自然現象）

2 白色花兒無人栽，
一夜北風遍地開，
無根無枝又無葉，
此花原自天上來。
（猜一自然現象）

3 遇着亮光跟我來，
時高時矮黑身材，
行動處處學我樣，
一到黑暗就分開。

（猜一自然現象）

4 有時落在山腰處，
有時掛在樹梢邊，
有時像把金鐮刀，
有時像個白玉盤。
（猜一自然現象）

5 天上有面鼓，
躲在雲深處，
響前光芒現，
聲音震山谷。
（猜一自然現象）

6 清晨爬出東邊海，
傍晚休息下西山，
萬物生長要靠它，
光明溫暖送人間。
（猜一自然現象）

7 來自江河海，
天空任浮載，
白臉轉黑臉，
眼淚便出來。
（猜一自然現象）

8 彎彎一座彩色橋，
不在地上在天邊，
雨過天晴才出現，
轉眼很快就不見。
（猜一自然現象）

9 清晨忙趕路，
看見幕張開，
用手拉不動，
要等太陽來。
（猜一自然現象）

10 臉上長鈎子，
頭上掛扇子，
四根粗柱子，
一條小辮子。
（猜一動物）

11 奇怪老鼠長了翼，
睡覺倒掛山洞中。
耳朵靈敏視力差，
捕捉昆蟲本領高。
（猜一動物）

12 空中排隊飛行，
組織紀律嚴明，
初春北方遊玩，
深秋南方過冬。
（猜一動物）

13 頭戴王冠帽，
身穿花錦袍，
尾巴像花扇，
愛向人炫耀。
（猜一動物）

14 圓圓小房子，
永遠背在身，
水陸可生活，
走路慢吞吞。
（猜一動物）

15 滿頭長髮闊步走，
力大氣壯勝過牛，
張開大口一聲吼，
嚇得百獸都發抖。
（猜一動物）

16 頭上紅花不用採，
身上彩衣不須裁，
黎明三遍高聲唱，
唱得千門萬戶開。
（猜一動物）

17 身披鐵甲氣沖沖，
兩把大鉗顯威風，
遇到敵人敢決戰，
橫着身體去衝鋒。
（猜一動物）

18 腦袋像貓不是貓，
眼睛圓圓視力佳，
黑夜到來才活動，
捉鼠本領亦很大。

（猜一動物）

19 名字也叫牛，
無法拉車走，
力氣看似小，
背上起高樓。
（猜一動物）

20 像馬不是馬，
身背兩座山。
不怕風沙起，
穿梭沙漠間。

（猜一動物）

21 小小諸葛亮，
獨坐軍中帳，
擺開八卦陣，
專捉飛來將。
（猜一昆蟲）

22 頭上長着兩根毛，
身上穿着彩色袍，
不會唱歌不會跑，
愛在花間跳跳舞。
（猜一昆蟲）

23 小飛賊，水裏生，
做壞事，狠又兇，
偷偷摸摸吸人血，
還要嗡嗡唱一通。

（猜一昆蟲）

24 一生勤勞忙，
常到百花鄉，
回來獻一物，
香甜勝過糖。
（猜一昆蟲）

25 清風一喚便出動，
小小傘兵到處飛，
降落路邊田野裏，
安家落戶扎根基。
（猜一植物）

26 小傘一把把，
長在大樹下，
不能當傘用，
做菜頂呱呱。
（猜一植物）

27 池中一個小女孩，
從小生在水中央，
粉紅衣裳顯優雅，
整天坐在綠船上。
（猜一植物）

28 四季綠，開花難，
手長刺，密麻麻。
（猜一植物）

29 小喇叭，掛籬笆，
只能看，吹不響。
（猜一植物）

30 來自水中，
卻怕水沖，
回到水裏，
無影無蹤。
（猜一食品）

31 身穿綠衣裳，
肚裏水汪汪，
生的兒子多，
個個黑臉龐。
（猜一食品）

32 彎彎像月牙，
短短像黃瓜，
個個甜又香，
軟軟口中化。
（猜一食品）

Q.31 答案：西瓜

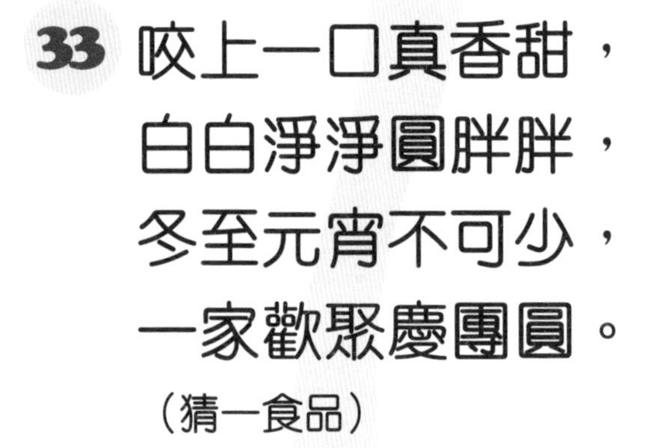

33 咬上一口真香甜，
白白淨淨圓胖胖，
冬至元宵不可少，
一家歡聚慶團圓。

（猜一食品）

34 身子光滑，
不能站立，
內心深處，
有黃有白。
（猜一食品）

35 一個住在這邊，
一個住在那邊，
說話都能聽見，
但卻從不見面。
（猜一器官）

36 上邊毛，下邊毛，
中間一顆黑葡萄，
假如你仍猜不着，
請你對我看一看。
（猜一器官）

37 無底洞口造座橋，
一頭着地一頭搖，
拉糧運菜橋上過，
一過橋頭不回頭。
（猜一器官）

38 左右兩個孔，
香臭它都懂，
要是阻塞了，
身體便難受。
（猜一器官）

39 筆直堅硬，
生來公平，
要問長短，
它最分明。
（猜一文具）

40 身體生來瘦又長，
衣衫光彩黑心腸，
雖然尖嘴會說話，
越說越短沒用場。
（猜一文具）

41 鐵籠藏着大鐵鳥，
翅膀很多飛不掉，
夏天人人都愛牠，
冬天一來不需要。
（猜一日用品）

42 它是我的好朋友，
每個同學全都有，
筆袋書本替我拿，
可我還得背它走。
（猜一日用品）

43 一扇玻璃窗，
裏面黑漆漆，
唱歌又演戲，
天天換花樣。
（猜一日用品）

44 小小板子本領大，
隨身攜帶走天下。
跟人通話不可少，
工作娛樂都用它。
（猜一日用品）

45 一隻沒腳雞，
站着不會啼，
喝水不吃米，
客來敬個禮。
（猜一日用品）

46 兩隻小船沒有蓬，
十個客人坐船中，
白天來去急匆匆，
夜裏客去船也空。

（猜一日用品）

47 又軟又彎兩個袋，
出門人人腳上帶，
要是忘了帶一個，
那就要把人笑壞。
（猜一日用品）

48 你哭他也哭，
你笑他也笑，
背後找不到，
正面才看見。
（猜一日用品）

49 姊妹雙雙一樣長，
同進同出同模樣，
冷冷熱熱都經過，
甜酸苦辣味遍嘗。

（猜一日用品）

50 千隻腳，萬隻腳，
站不住，靠牆角。
（猜一日用品）

51 合上似根棍，
張開半個球，
人在底下走，
水在上邊流。
（猜一日用品）

52 又圓又亮，
左右成雙，
腳踩兩耳，
腰跨鼻樑。
（猜一日用品）

53 一艘小船尾巴翹，
船頭潮濕船尾乾，
千般甜酸苦辣鹹，
小船總是味先嘗。

（猜一日用品）

54 牙齒多且長，
不需要食糧，
只要有頭髮，
便可派用場。
（猜一日用品）

55 兄弟兩人同走路，
擺一擺來走一步，
你追我趕天天走，
日出月落不停留。
（猜一日用品）

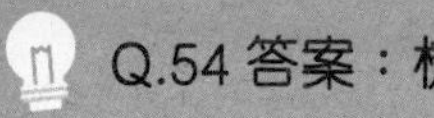

56 一個畫家真奇怪，
不用畫筆來畫畫，
拿着盒子放眼前，
咔嚓一聲便畫好。
（猜一物）

57 吊繩綁兩頭，
船在空中浮，
盪來又盪去，
樂壞小朋友。
（猜一物）

58 銀色身體細又長，
頭上小孔有一個，
天南地北都有它，
誰的衣服都穿過。

（猜一物）

59 生來愛遊戲，
全身是肚皮，
吃飽蹦蹦跳，
吃少無力氣。
（猜一物）

60 尾巴一冒煙，
直奔九重天，
人造小星星，
靠它送上天。
（猜一物）

61 看得見，摸不着，
跑得快，沒有腳，
一去永遠不回頭，
自當珍惜勿忘卻。
（猜一物）

62 乘風天上飛，
遠逃不用追，
輕輕一拉線，
乖乖往回歸。
（猜一物）

63 無病常常住醫院，
急病趕快出醫院，
救急扶危為病人，
來回奔波沒埋怨。

（猜一物）

64 正方形，長方形，
又薄又脆像塊冰，
太陽照它不會化，
裝到窗上亮晶晶。
（猜一物）

一身衣服紅彤彤，
帽子戴在頭頂中，
看見火焰氣炸肺，
口吐白沫倒栽蔥。
（猜一物）

66 身上貼張畫，
無腳走天下，
找到主人時，
開口才說話。

（猜一物）

67 此物生來權力大，
車輛行人服從它，
綠臉出現才能走，
紅臉立刻要停下。
（猜一物）

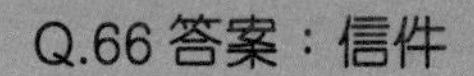

68 長長筒，小小孔，
筒裏花兒很多種，
扭扭圓筒來看看，
千朵萬朵各不同。
（猜一物）

69 不用發動日夜轉，
春夏秋冬自己變，
每日能行八萬里，
滿載人類萬萬千。
（猜一物）

70 水沖不走，
捉摸不住，
吃了不飽，
人人需要。
（猜一物）

71 是燈不叫燈，
有電不傷人，
夜間走黑路，
來去它送行。
（猜一物）

72 高山不見一寸土，
平地難尋半畝田，
五湖四海沒有水，
人間世界在眼前。
（猜一物）

73 面孔我有六張，
張張都不一樣，
一二三四五六，
分別刻在臉上。
（猜一物）

74 這個胖子真稀奇，
生來有個怪脾氣，
你不打它不出聲，
你越打它越歡喜。
（猜一物）

75 這家兄弟人數多，
友愛團結手拉手。
大哥前邊一聲叫，
弟弟轟隆跟着走。
（猜一交通工具）

76 小小一間房，
房裏有人藏，
馬路當中跑，
行人退兩旁。
（猜一交通工具）

77 不是神仙能飛天，
騰雲駕霧彩雲邊，
高山峻嶺閃身過，
一瞬走經路萬千。

（猜一交通工具）

78 不用磚瓦起高樓，
鐵殼地板尖尖頭，
載人運貨容量大，
江河湖海任它遊。
（猜一交通工具）

79 夜間有，白日無；
夢裏有，醒來無；
死了有，活着無；
多兩個，少則無。
（猜一字）

80 行人止步

（猜一字）

81 二人力大衝破天

（猜一字）

Q.80 答案：企

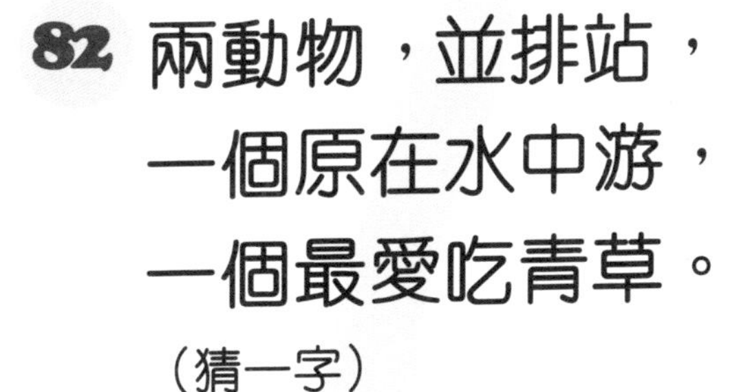

82 兩動物，並排站，
一個原在水中游，
一個最愛吃青草。
（猜一字）

83 大門開，有客來，
先脫帽，再進來。
（猜一字）

84 左邊一太陽，
右邊一太陽，
站在太陽上，
反而不見光。
（猜一字）

85 一減一不是零

（猜一字）

86 十兄弟

（猜一字）

87 兩邊都能聽見

（猜一字）

88 上面正差一橫，
下面少去一點。
（猜一字）

89 牛過獨木橋

（猜一字）

Q.88 答案：步

90 千里相逢

（猜一字）

91 人在草木中

（猜一字）

92 你沒有他有，
天沒有地有。
（猜一字）

93 心如刀割

（猜一字）

94 明月照門來

（猜一字）

95 一山還有一山高

（猜一字）

96 一個白天跑，
一個夜裏行，
兩個踫了面，
才能看得見。
（猜一字）

97 羊離羣

（猜一字）

98 雖有十張口，
只有一顆心；
要想猜出來，
必須動腦筋。
（猜一字）

99 跳傘着陸

（猜一成語）

100 躺下才舒服

（猜一成語）

101 1,000x10=10,000

（猜一成語）

102 合起來五句話

（猜一成語）

103 警鐘響了

（猜一成語）

104 雙手贊成

（猜一成語）

105 新發明

（猜一成語）

106 祖孫回家

（猜一成語）

107 狗咬狗

（猜一成語）

108 悲劇演完

（猜一成語）

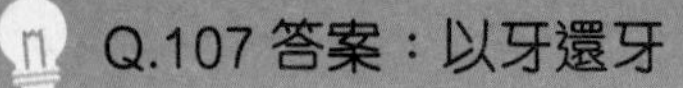

109 十五口

（猜一成語）

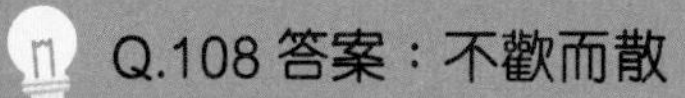

Q.108 答案：不歡而散

110 農產品

（猜一成語）

111 舉重比賽

（猜一成語）

112 人造衛星

（猜一成語）

113 前無去路，後有追兵。

（猜一成語）

114 九個鬼魂一個人

（猜一成語）

115 齊呼口號

（猜一成語）

116 神箭手

（猜一成語）

Q.115 答案：異口同聲

Q.116 答案：百發百中

你已完成挑戰，
真厲害啊！

鬥智擂台

謎語挑戰賽 ①

編　　寫：新雅編輯室
繪　　圖：ruru lo cheng
責任編輯：陳志倩
美術設計：陳雅琳
出　　版：新雅文化事業有限公司
香港英皇道 499 號北角工業大廈 18 樓
電　　話：(852) 2138 7998
傳　　真：(852) 2597 4003
網　　址：http://www.sunya.com.hk
電　　郵：marketing@sunya.com.hk
發　　行：香港聯合書刊物流有限公司
香港荃灣德士古道 220-248 號荃灣工業中心 16 樓
電話：(852) 2150 2100
傳真：(852) 2407 3062
電郵：info@suplogistics.com.hk
印　　刷：中華商務彩色印刷有限公司
香港新界大埔汀麗路 36 號
版　　次：二〇一八年一月初版
二〇二四年十一月第八次印刷

ISBN: 978-962-08-6938-9

18/F, North Point Industrial Building, 499 King's Road, Hong Kong
Published in Hong Kong SAR, China
Printed in China

《鬥智擂台》系列

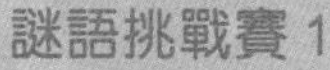
謎語挑戰賽 1

謎語挑戰賽 2

謎語過三關 1

謎語過三關 2

IQ 鬥一番 1

IQ 鬥一番 2

IQ 鬥一番 3

金牌數獨 1

金牌數獨 2

金牌語文大比拼：字詞及成語篇

金牌語文大比拼：詩歌及文化篇